주판으로 배우는 암산 수학

· 주 · 판 · 으 · 로 · 배 · 우 · 는 · 암 · 산 · 수 · 학 ·

EQ를 올리는 올 매직셈

⭐ 동시동작 단순 덧·뺄셈

⭐ 보수를 이용한 덧셈 방법

⭐ 10보수를 이용한 9~1까지 덧셈

세광m

주산식 암산수학
– 호산 및 플래시학습 훈련 학습장

EQ를 **올리는 매직셈** **1**

세광m

주판의 구조와 기초 학습

● 주판 각 부분의 이름과 구조

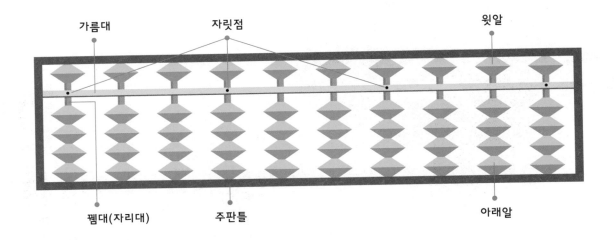

가름대   자릿점   윗알

꿴대(자리대)   주판틀   아래알

아래알   가름대 아래에 있는 주판알을 말하며 한 알은 1을 나타냅니다.

윗 알   가름대 위에 있는 주판알을 말하며 한 알은 5를 나타냅니다.

가름대   아래알과 윗알을 가로막아 놓은 부분을 말합니다.

꿴 대   주판알을 꿰고 있는 막대를 말하며, 자리대라고도 합니다.

자릿점   가름대 위에 찍혀 있는 점을 말하며 수의 자리를 정하는 데 사용됩니다.

주판틀   주판을 감싸고 있는 테두리 전체를 말합니다.

● 주판 잡는 법과 주판알 정리

주판을 잡을 때는 주판의 왼쪽 부분을 왼손으로 잡는데 엄지로는 주판틀 아랫부분을, 나머지 손가락으로는 주판틀 윗부분을 가볍게 감싸 줍니다.

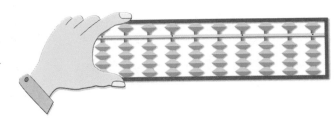

주판알을 정리할 때는 오른손 엄지와 검지를 오른쪽 가름대 끝에 가볍게 대고 가름대를 쥐듯 왼쪽으로 밀어 줍니다.

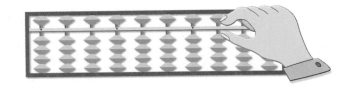

● 연필 잡는 법

연필을 잡는 정해진 방법은 없으나, 어린이의 경우 약지와 새끼손가락 사이에 끼우는 모양은
어려운 동작이므로 편하게 쥐도록 합니다.

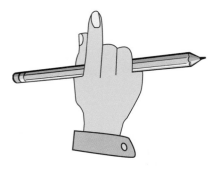

일반적인 모양

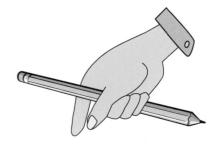

어린이에게 권하는 모양

● 주판을 놓는 바른 자세

의자에 깊숙이 앉아 허리를 바르게 폅니다.
몸은 책상에서 10cm 정도를 뗍니다.
오른팔이 주판이나 책상에 닿지 않도록 합니다.
왼쪽 팔꿈치는 가볍게 몸에 붙였다 뗐다 할 수 있도록 합니다.

● 주판의 자릿수

주판에서 일의 자리는 가름대 위의 자릿점 중 하나를 선택하여 정할 수 있으며, 일의 자리를 기
준으로 오른쪽 소수 첫째 자리를 영(0)의 자리, 소수 둘째 자리를 –1의 자리, 소수 셋째 자리를
–2의 자리라고 합니다.

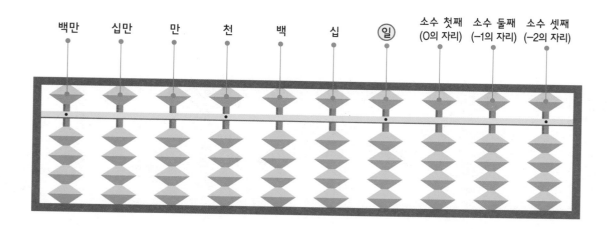

주판에 놓인 수와 손가락 사용법

운지법은 주판에 수를 놓을 때 손가락의 사용법을 말하며,
운주법은 주판알을 바르게 움직이는 방법을 말합니다.

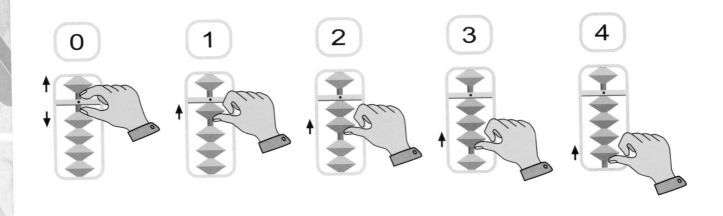

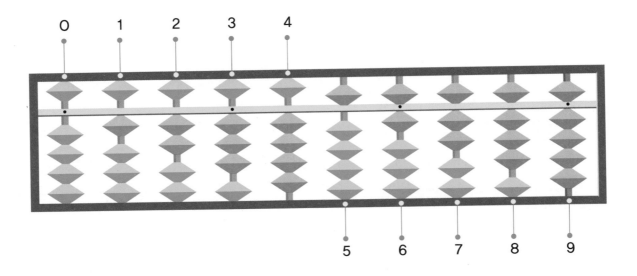

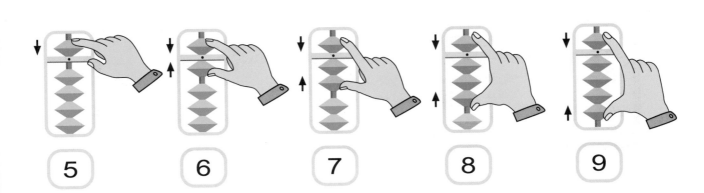

짝수와 보수

올셈 1단계

● 5에 대한 짝수

1과 4의 합은 5입니다. 이 때 1이 5가 되려면 4가 더 필요합니다.
이처럼 5가 되기 위하여 더 필요한 수를 5에 대한 **짝수**라고 합니다.

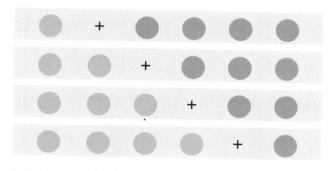

1 + 4 = 5 이므로 1 의 짝수는 4 입니다.
2 + 3 = 5 이므로 2 의 짝수는 3 입니다.
3 + 2 = 5 이므로 3 의 짝수는 2 입니다.
4 + 1 = 5 이므로 4 의 짝수는 1 입니다.

● 10에 대한 보수

두 개의 수가 합하여 10이 되는 수, 즉 어떤 수가 10이 되기 위하여
더 필요한 수를 10에 대한 **보수**라고 합니다.

1 + 9 = 10 이므로 1 의 보수는 9 이고, 9 의 보수는 1 입니다.
2 + 8 = 10 이므로 2 의 보수는 8 이고, 8 의 보수는 2 입니다.
3 + 7 = 10 이므로 3 의 보수는 7 이고, 7 의 보수는 3 입니다.
4 + 6 = 10 이므로 4 의 보수는 6 이고, 6 의 보수는 4 입니다.
5 + 5 = 10 이므로 5 의 보수는 5 입니다.

주판에 놓여진 수를 ☐ 안에 써 보세요.

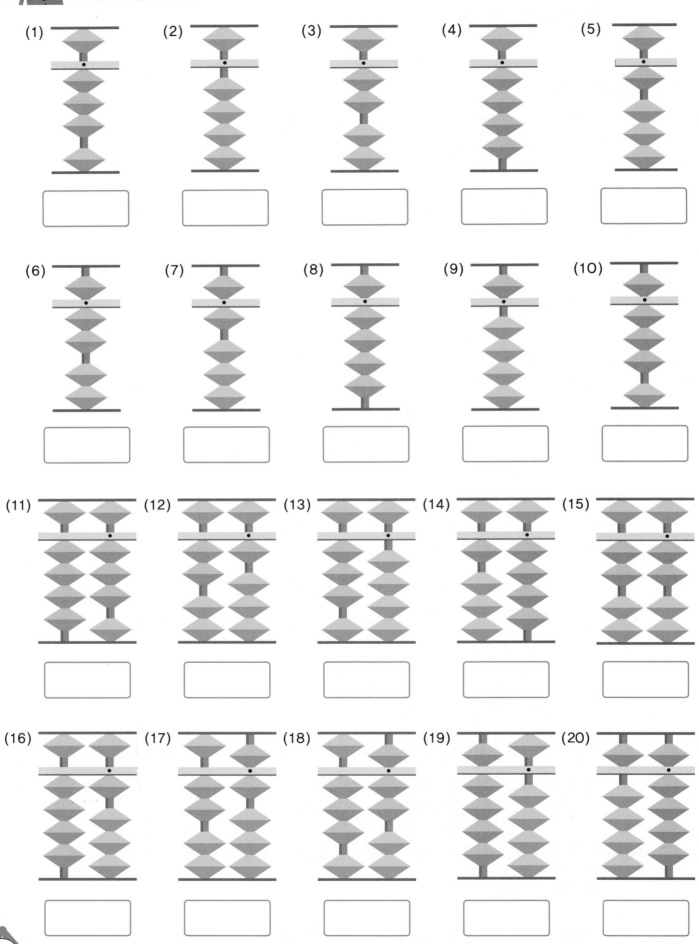

□안에 숫자를 읽어보고 주판알을 색칠해 보세요.

(1)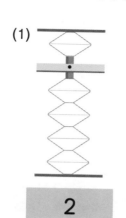
2

(2)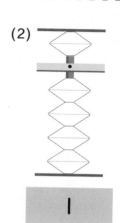
1

(3)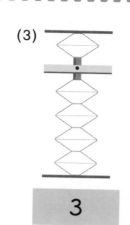
3

(4)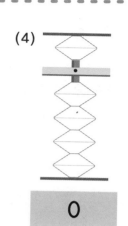
0

(5)
4

(6)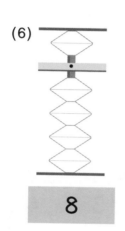
8

(7)
7

(8)
5

(9)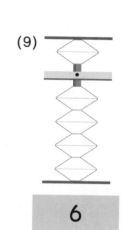
6

(10)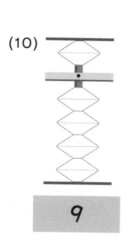
9

(11)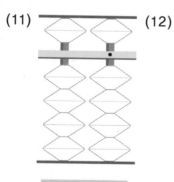
23

(12)
34

(13)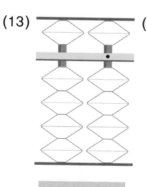
12

(14)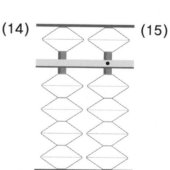
41

(15)
30

(16)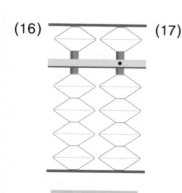
46

(17)
35

(18)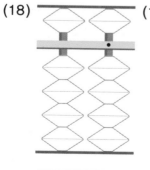
58

(19)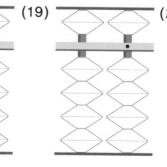
19

(20)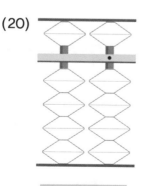
66

아래알 올리고 내리기 연습(엄지)

운지법은 주판에 수를 놓을 때 손가락의 사용법을 말하며,
운주법은 주판알을 바르게 움직이는 방법을 말합니다.

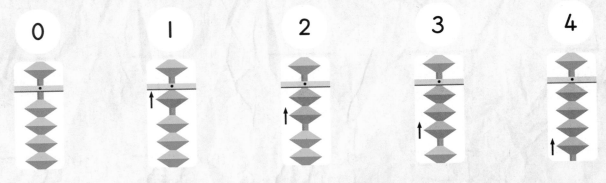

★아래알은 반드시 **엄지**로 올리고 내립니다.

⭐ 주판으로 해 보세요.

1	2	3	4	5	6	7	8	9	10
1	2	2	2	3	2	4	3	3	4
2	1	2	-1	-1	-2	-1	1	-2	-2

11	12	13	14	15	16	17	18	19	20
2	3	4	4	2	3	3	2	2	4
2	1	-2	-2	1	-1	-2	1	2	-4
-1	-2	1	2	-1	2	3	-3	-2	2

21	22	23	24	25	26	27	28	29	30
44	11	22	33	33	11	44	11	33	11
-33	33	22	11	0	-1	0	22	11	33
22	-22	-33	-22	11	33	-22	-22	-33	-33

⭐ 주판으로 해 보세요.

1	2	3	4	5	6	7	8	9	10
4	2	2	1	2	4	3	2	4	2
-2	1	1	3	2	-3	-2	1	-1	2
1	-2	-3	-1	-1	2	3	-3	-3	-1
1	2	2	1	-2	1	-3	4	2	1

11	12	13	14	15	16	17	18	19	20
3	4	3	1	4	2	4	3	1	4
1	-4	-2	3	-2	-2	0	-1	2	0
-2	3	3	-4	1	0	-1	2	1	-3
-1	1	-4	3	-2	3	1	-1	-3	1

21	22	23	24	25	26	27	28	29	30
2	2	3	3	2	4	1	2	2	1
-2	-2	-1	-2	2	-2	3	1	2	2
1	4	2	2	-3	2	-1	-3	-4	-1
3	-3	-1	-3	3	-3	-2	1	3	2
-1	2	1	1	-1	1	2	1	1	-3

윗알 올리고 내리기 연습(검지)

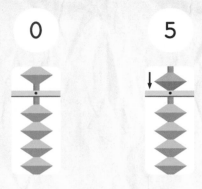

0   5

TIP

$11 + 55 = 66$

★윗알은 반드시 **검지**로 올리고 내립니다.

⭐ 주판으로 해 보세요.

1	2	3	4	5	6	7	8	9	10
5	1	2	5	5	3	0	5	4	5
1	5	5	2	3	5	5	0	5	4

11	12	13	14	15	16	17	18	19	20
1	1	1	2	5	3	5	2	2	3
5	2	5	1	1	5	2	5	2	1
1	5	3	5	3	1	2	1	5	5

21	22	23	24	25	26	27	28	29	30
55	33	44	22	55	33	44	55	11	55
11	-22	-22	-22	44	-11	-22	0	-11	44
22	55	11	55	-44	55	55	-55	55	-22

⭐ 주판으로 해 보세요.

1	2	3	4	5	6	7	8	9	10
5	2	4	5	2	5	3	5	3	4
3	5	5	1	5	2	5	4	5	−2
1	−5	−3	−5	2	0	1	−2	−5	5
−5	0	2	2	−3	−5	−4	1	1	2

11	12	13	14	15	16	17	18	19	20
1	4	3	5	2	1	3	5	5	3
3	−3	1	−5	5	5	1	1	0	5
−3	2	0	0	−1	−5	−4	1	−5	0
5	5	5	3	−5	2	5	−2	4	1

21	22	23	24	25	26	27	28	29	30
1	2	3	4	3	4	1	4	5	4
3	2	5	5	1	−1	3	5	1	−3
−2	5	−5	−2	5	−2	−3	−3	−5	5
2	−5	−1	1	−2	1	5	1	−1	0
5	0	−1	1	0	5	2	−5	3	2

윗알 아래알 동시동작 연습 (엄지, 검지 동시에)

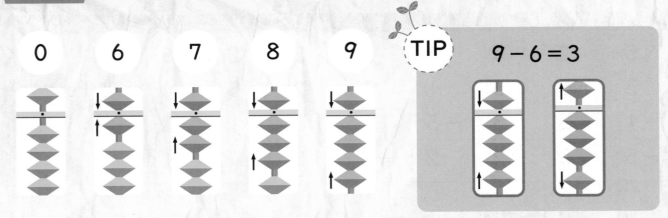

★ 6,7,8,9를 주판에 놓을 때는 엄지와 검지를 **동시**에 동작합니다.

⭐ 주판으로 해 보세요.

1	2	3	4	5	6	7	8	9	10
6	2	7	8	1	1	9	8	9	9
3	6	2	1	7	8	−3	−6	−7	−8

11	12	13	14	15	16	17	18	19	20
5	9	3	4	8	2	9	6	3	7
4	−2	6	5	1	7	−6	3	5	1
−7	1	−2	−7	−7	−4	1	−8	−7	−6

21	22	23	24	25	26	27	28	29	30
66	11	11	33	77	88	11	22	22	77
11	66	77	0	0	0	0	66	0	0
22	22	11	66	11	11	77	11	66	22

⭐ 주판으로 해 보세요.

1	2	3	4	5	6	7	8	9	10
6	2	1	8	6	8	4	9	1	9
2	6	7	1	1	−6	5	−8	8	−9
−3	−5	1	−7	−7	7	−8	7	−9	0
2	1	−8	6	8	−4	7	−6	6	7

11	12	13	14	15	16	17	18	19	20
3	1	5	9	3	6	8	9	2	9
6	6	3	−7	1	3	−6	−6	6	−8
−2	−7	−7	6	5	−7	5	5	−7	6
1	3	6	−8	−6	6	−7	−8	8	2

21	22	23	24	25	26	27	28	29	30
1	3	4	3	2	1	9	4	1	5
2	5	5	6	7	8	0	5	7	3
6	−6	−8	−8	−8	−9	−9	−6	−6	−6
−3	7	3	1	−1	5	3	6	5	7
1	−2	5	7	5	3	6	−8	−7	−4

단순 덧셈·뺄셈 익히기

 주판으로 해 보세요.

1	2	3	4	5	6	7	8	9	10
33	60	70	42	50	61	77	88	55	22
11	7	6	6	3	−1	−7	−7	−50	6
50	−6	−21	−10	−51	17	20	10	3	60
−4	15	4	11	6	−6	8	6	1	−7

11	12	13	14	15	16	17	18	19	20
85	97	66	76	47	39	78	97	49	82
2	−5	3	−1	1	−6	1	−50	−7	6
−7	6	−9	−20	−38	16	−29	2	51	−33
13	−22	20	3	7	−5	6	−6	6	4

 읽으면서 주판으로 해 보세요.

1	8 − 6 + 20 + 6 =	6	36 − 6 + 3 + 11 =
2	18 − 7 + 8 + 20 =	7	29 + 0 − 7 + 26 =
3	16 + 3 − 6 + 20 =	8	17 − 6 + 25 − 5 =
4	26 + 3 − 7 + 16 =	9	45 + 1 − 5 + 52 =
5	37 + 1 − 25 + 6 =	10	84 + 5 − 63 + 2 =

주판으로 배우는 암산 수학
매직셈

⭐ 주판으로 해 보세요.

	1	2	3	4	5	6	7	8	9	10
	22	33	30	26	20	31	31	10	49	56
	7	6	8	2	9	8	5	9	−8	2
	−8	−7	−6	−8	−8	−38	−35	−8	50	−57
	26	11	15	18	16	7	8	26	6	8

	11	12	13	14	15	16	17	18	19	20
	64	72	27	81	76	49	9	51	71	43
	15	6	2	7	3	−8	20	6	6	56
	−9	−8	−6	−33	−18	51	−6	−50	−60	−8
	3	25	15	4	7	6	75	2	2	7

⭐ 읽으면서 주판으로 해 보세요.

1	28 − 6 + 10 + 2 =
2	27 − 7 + 18 + 1 =
3	66 + 3 − 9 + 26 =
4	56 + 3 − 8 + 36 =
5	67 + 2 − 55 + 5 =

6	35 − 5 + 63 + 5 =
7	29 + 0 − 7 + 21 =
8	97 − 6 − 40 + 7 =
9	82 + 6 − 5 + 11 =
10	93 + 5 − 63 + 4 =

10을 활용한 9의 덧셈

1,2,3,4,6,7,8,9에 9를 더할 때는 십의 자리에서 엄지로 아래 한 알을 올리고,
일의 자리에서 엄지로 아래 한 알을 내린다.

$$2 + 9 = 11$$

일의 자리에서 엄지로
아래 알 2를 놓습니다.

2에 9를 더할 수 없으므로 앞자
리(십의 자리)에서 1을 더해주고

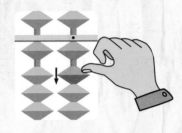

일의 자리에서 9의 보수
1을 엄지로 빼줍니다.

노래:따르릉

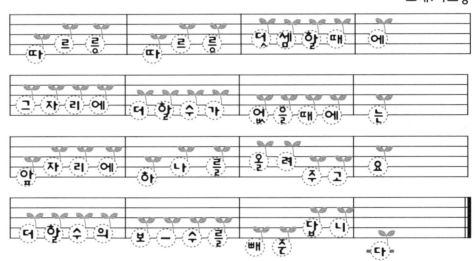

따르릉 따르릉 덧셈 할때에 그 자리에 더할 수 가 없을 때에는 앞자리에 하나를 올려주고요.
더할 수의 보수를 빼준답니다.

⭐ 주판으로 해 보세요.

1	2	3	4	5	6	7	8	9	10
3	4	8	3	3	7	2	1	2	1
1	9	9	9	6	2	6	8	5	7
9	5	2	2	9	9	9	9	9	9

 주판으로 해 보세요.

1	2	3	4	5	6	7	8	9	10
2	1	3	4	5	3	3	4	5	4
6	8	9	9	3	9	9	9	2	5
9	9	6	9	9	7	5	6	9	9
9	9	9	6	2	9	9	9	1	9
2	2	1	1	9	1	2	1	9	1

11	12	13	14	15	16	17	18	19	20
2	9	1	3	2	3	3	7	8	1
7	9	9	9	5	6	1	1	9	6
9	1	4	6	9	9	9	9	1	9
9	9	9	9	9	9	6	1	9	2
1	9	5	2	2	1	9	1	2	9

21	22	23	24	25	26	27	28	29	30
7	5	1	2	4	3	3	8	3	7
9	1	7	1	5	1	9	9	1	9
9	9	9	1	9	9	9	1	5	9
3	3	2	9	1	5	9	1	9	3
9	9	9	1	9	9	3	9	9	1

실력쑥쑥

⭐ 주판으로 해 보세요.

1	2	3	4	5	6	7	8	9	10
5	4	3	1	3	9	1	2	1	4
2	9	1	2	9	9	9	9	9	9
9	1	5	1	9	9	8	9	9	9
3	9	9	9	2	9	1	8	9	9
9	6	1	5	9	9	9	9	9	2

11	12	13	14	15	16	17	18	19	20
1	2	2	1	2	5	8	3	6	2
6	6	6	9	1	3	9	9	3	5
9	9	0	7	9	9	0	7	0	9
9	9	9	9	9	9	2	9	9	3
2	2	9	2	7	3	9	1	9	9

21	22	23	24	25	26	27	28	29	30
6	1	3	8	2	1	9	3	4	5
2	9	5	9	9	8	9	9	9	3
9	4	9	1	7	9	9	6	9	9
9	5	0	9	9	0	0	9	7	9
1	9	1	9	1	9	2	9	9	9

주판으로 배우는 암산 수학
매직셈

⭐ 주판으로 해 보세요.

1	2	3	4	5	6	7	8	9	10
1	2	3	4	5	6	7	8	9	8
1	2	6	9	1	1	9	1	0	9
9	9	9	9	9	9	9	9	9	9
7	9	1	6	3	9	3	0	9	0
9	6	9	9	9	3	9	9	1	9

11	12	13	14	15	16	17	18	19	20
11	12	13	14	16	17	18	19	52	62
9	9	9	9	9	9	9	9	9	9
12	16	15	10	13	10	12	50	15	17
9	9	9	9	9	9	9	9	9	9

⭐ 읽으면서 주판으로 놓아보세요.

1 1 + 9 + 9 =	6 6 + 9 + 4 =
2 2 + 9 + 9 =	7 7 + 9 + 9 =
3 3 + 9 + 9 =	8 8 + 9 + 9 =
4 4 + 9 + 9 =	9 9 + 9 + 9 =
5 5 + 1 + 9 =	10 1 + 8 + 9 =

 연산학습

Q 1 주산식 암산을 이용해서 아래칸에 답을 써보시오.

➡ 일의 자리에서 9를 더할 수 없을 때 십의 자리에 하나를 더해주고 일의 자리에서 하나를 빼줍니다.

+9	1	3	4	8	2	7	9	6	31
	16	26	36	34	50	66	76	86	81

Q 2 주판에 놓인 수와 아래 수를 암산으로 해 보시오.

1	2	3	4	5
9 3	9 6	9 5	9 1	9 4

6	7	8	9	10
9 2	9 1	9 1	1 9	2 9

Q 3 주판 그림을 보고 덧셈을 하여 답을 색칠하시오.

①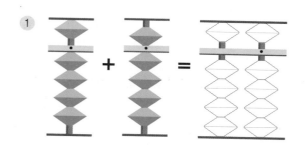

②

③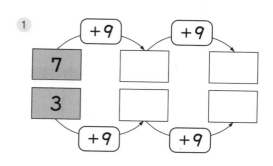

④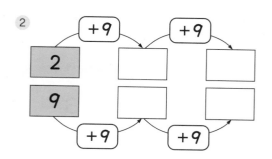

Q 4 빈칸에 알맞은 수를 써넣으시오.

① 7 +9 → □ +9 → □
  3 +9 → □ +9 → □

② 2 +9 → □ +9 → □
  9 +9 → □ +9 → □

Q 5 정답을 색칠하고 >, =, <를 알맞게 써넣으시오.

① 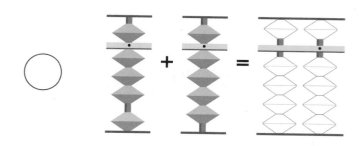 ○

② 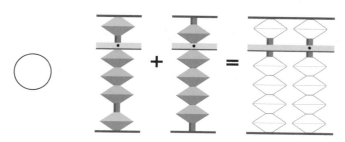 ○

10을 활용한 8의 덧셈

2,3,4,7,8,9에 8을 더할 때는 십의 자리에서 엄지로 아래 한 알을 올리고,
일의 자리에서 엄지로 아래 두 알을 내린다.

$$3 + 8 = 11$$

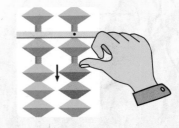

일의 자리에서 엄지로
아래 알 3을 놓습니다.

3에 8을 더할 수 없으므로 앞자
리(십의 자리)에서 1을 더해주고

일의 자리에서 8의 보수
2를 엄지로 빼줍니다.

⭐ 주판으로 해 보세요.

1	2	3	4	5	6	7	8	9	10
3	4	8	3	3	7	2	1	2	1
1	8	8	8	6	2	6	8	5	7
8	5	2	2	8	8	8	8	8	8

11	12	13	14	15	16	17	18	19	20
1	2	3	8	4	5	6	7	8	3
9	9	9	9	9	4	9	9	9	5
8	8	7	8	6	9	3	2	8	9
8	8	8	2	8	8	8	8	1	8

⭐ 주판으로 해 보세요.

1	2	3	4	5	6	7	8	9	10
2	1	3	4	5	3	3	4	5	4
6	8	9	9	3	9	9	9	2	5
9	9	6	8	9	7	5	6	8	8
8	8	8	6	2	8	8	8	1	9
2	2	1	1	8	1	2	1	9	1

11	12	13	14	15	16	17	18	19	20
2	9	1	3	2	3	3	7	8	1
7	9	9	9	5	6	1	1	9	6
9	1	4	6	8	9	9	9	1	9
8	8	8	8	2	8	6	8	8	2
1	9	5	9	9	1	8	1	2	8

21	22	23	24	25	26	27	28	29	30
7	5	1	2	4	3	3	8	3	7
8	1	7	1	5	1	9	9	1	9
3	9	9	9	8	8	8	1	5	3
8	3	2	8	1	5	9	1	9	8
9	8	8	2	9	9	8	8	8	1

실력쑥쑥

⭐ 주판으로 해 보세요.

1	2	3	4	5	6	7	8	9	10
5	4	3	1	3	8	1	2	1	4
1	9	1	2	8	8	9	9	9	9
9	1	5	1	9	9	8	9	9	8
4	8	9	9	2	3	1	8	8	9
8	6	8	8	8	8	8	8	8	2

11	12	13	14	15	16	17	18	19	20
1	2	2	1	2	5	8	2	6	2
6	6	6	9	1	3	8	9	3	5
8	9	0	8	9	9	0	8	0	9
2	8	8	8	8	8	2	8	8	3
9	2	9	2	7	3	9	2	9	8

21	22	23	24	25	26	27	28	29	30
6	1	3	8	2	1	8	3	4	5
2	9	5	9	9	8	8	9	9	4
9	4	8	1	7	9	9	6	8	8
8	5	0	8	8	0	0	8	7	8
1	8	3	1	1	8	2	9	8	2

⭐ 주판으로 해 보세요.

1	2	3	4	5	6	7	8	9	10
1	2	3	4	5	6	7	8	9	8
1	2	6	8	1	1	8	1	0	8
9	9	9	9	9	8	4	8	8	3
7	8	1	6	3	3	8	0	8	8
8	6	8	8	8	9	9	8	1	9

11	12	13	14	15	16	17	18	19	20
2	3	12	14	16	17	18	19	52	63
8	8	8	8	9	8	8	8	8	8
12	16	3	0	3	10	12	50	20	10
9	9	8	9	8	4	9	8	9	9

⭐ 읽으면서 주판으로 놓아보세요.

1	1 + 8 + 8 =
2	2 + 8 + 8 =
3	3 + 8 + 8 =
4	4 + 8 + 8 =
5	5 + 2 + 8 =

6	9 + 8 + 8 =
7	9 + 8 + 2 =
8	9 + 8 + 9 =
9	8 + 8 + 9 =
10	7 + 8 + 4 =

연 산 학 습

Q 1 주산식 암산을 이용해서 아래칸에 답을 써보시오.

➡ 일의 자리에서 8를 더할 수 없을 때 십의 자리에 하나를 더해주고 일의 자리에서 2를 빼줍니다.

+8	2	3	4	7	8	9	12	22	32
	34	57	52	67	62	77	72	87	82

Q 2 주판에 놓인 수와 아래 수를 암산으로 해 보시오.

1	2	3	4	5
8 8	8 8	8 2	8 1	8 2

6	7	8	9	10
8 2	8 1	9 6	9 8	8 8

Q 3 주판 그림을 보고 덧셈을 하여 답을 색칠하시오.

①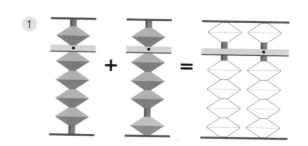

②

③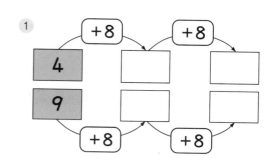

④

Q 4 빈칸에 알맞은 수를 써넣으시오.

①

+8 → +8 →

4

9

+8 ← +8 ←

②

+8 → +8 →

2

14

+8 ← +8 ←

Q 5 정답을 색칠하고 >, =, <를 알맞게 써넣으시오.

①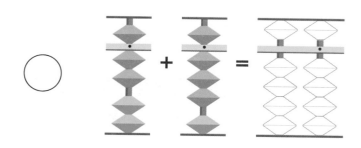

◯

②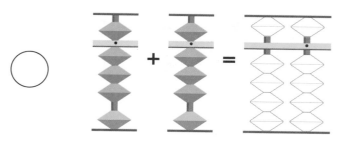

◯

10을 활용한 7의 덧셈

3,4,8,9에 7을 더할 때는 십의 자리에서 엄지로 아래 한 알을 올리고,
일의 자리에서 엄지로 아래 세 알을 내린다.

$$9 + 7 = 16$$

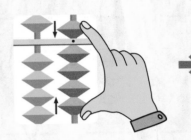 →  →

일의 자리에서 엄지와 검지로 동시에 9를 놓습니다.

9에서 7을 더할 수 없으므로 앞자리(십의 자리)에 1을 더해주고

일의 자리에서 7의 보수 3을 엄지로 빼줍니다.

⭐ 주판으로 해 보세요.

1	2	3	4	5	6	7	8	9	10
3	4	8	3	3	7	2	1	3	1
1	7	7	7	7	2	6	8	5	7
7	5	2	2	8	7	7	7	7	7

11	12	13	14	15	16	17	18	19	20
1	2	3	8	4	5	6	7	8	3
9	9	7	7	9	4	9	9	7	7
8	8	9	2	6	7	3	2	1	7
7	7	8	8	7	9	7	7	9	8

⭐ 주판으로 해 보세요.

1	2	3	4	5	6	7	8	9	10
2	1	3	4	5	3	3	4	5	4
6	8	9	9	3	9	7	9	2	5
7	9	6	7	7	7	5	6	8	7
2	7	7	6	2	7	2	7	3	9
8	2	1	1	8	1	8	1	7	1

11	12	13	14	15	16	17	18	19	20
2	9	1	3	2	3	3	7	8	1
7	9	9	7	5	6	1	1	9	6
9	1	4	6	8	7	9	7	1	9
7	7	7	2	4	9	6	1	7	2
1	9	5	8	7	1	7	9	2	7

21	22	23	24	25	26	27	28	29	30
7	5	1	2	4	3	3	8	3	7
8	1	7	2	5	1	7	7	1	9
3	9	9	9	8	7	8	1	5	3
7	3	2	7	1	5	9	1	7	7
4	7	7	2	7	9	8	8	9	1

실력쑥쑥

⭐ 주판으로 해 보세요.

1	2	3	4	5	6	7	8	9	10
5	4	3	1	3	8	1	2	1	4
2	9	1	2	7	8	9	9	9	9
9	1	5	1	8	9	8	9	9	7
3	7	9	9	7	3	7	8	7	9
7	9	7	7	3	7	1	7	9	7

11	12	13	14	15	16	17	18	19	20
1	2	2	1	3	5	8	2	6	2
6	7	6	9	1	4	8	9	3	5
8	9	0	8	9	9	0	7	0	9
3	7	7	7	7	7	2	7	7	3
7	2	1	2	7	4	7	4	9	7

21	22	23	24	25	26	27	28	29	30
6	1	3	8	2	1	8	3	4	5
3	9	5	7	9	8	7	9	9	4
9	4	7	1	7	9	3	6	7	7
7	5	0	9	7	0	0	7	7	9
1	7	3	1	1	7	9	2	8	2

올셈 1단계

⭐ 주판으로 해 보세요.

1	2	3	4	5	6	7	8	9	10
1	2	3	4	5	6	7	8	9	8
1	2	6	7	1	1	8	1	0	8
9	9	9	9	9	8	4	9	9	3
7	7	1	6	3	3	7	0	7	7
7	6	7	9	7	7	9	7	1	9

11	12	13	14	15	16	17	18	19	20
3	3	13	24	18	19	18	19	53	63
7	8	9	7	7	7	8	9	7	6
12	13	2	0	3	10	12	50	20	10
9	7	8	9	8	3	7	7	9	7

⭐ 읽으면서 주판으로 놓아보세요.

1	$1 + 7 + 7 =$
2	$2 + 7 + 7 =$
3	$3 + 7 + 7 =$
4	$4 + 7 + 7 =$
5	$5 + 3 + 7 =$

6	$9 + 7 + 3 =$
7	$9 + 9 + 7 =$
8	$8 + 1 + 7 =$
9	$1 + 3 + 7 =$
10	$5 + 4 + 7 =$

연산학습

Q 1 주산식 암산을 이용해서 아래칸에 답을 써보시오.

➡ 일의 자리에서 7를 더할 수 없을 때 십의 자리에 하나를 더해주고 일의 자리에서 3를 빼줍니다.

+7	3	4	8	14	9	18	23	29	33
	34	58	53	68	63	78	73	88	83

Q 2 주판에 놓인 수와 아래 수를 암산으로 해 보시오.

1	2	3	4	5
2	1	7	7	2
7	7	2	3	7

6	7	8	9	10
2	1	9	6	5
7	7	7	7	7

Q 3 계산을 하시오.

① □
　 3
　+ 7
─────

② □
　 4
　+ 8
─────

③ □
　 9
　+ 7
─────

④ □
　18
　+ 7
─────

⑤ □
　 6
　+ 9
─────

⑥ □
　 8
　+ 7
─────

⑦ □
　11
　+ 9
─────

⑧ □
　 9
　+ 9
─────

Q 4 빈칸에 알맞은 수를 써넣으시오.

①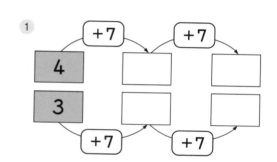

②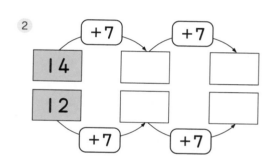

Q 5 정답을 색칠하고 >, = , <를 알맞게 써넣으시오.

① 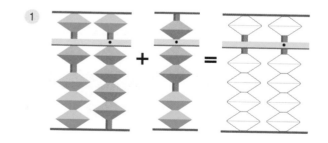　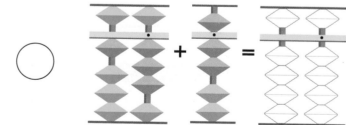

② 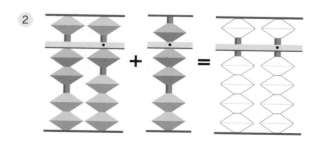　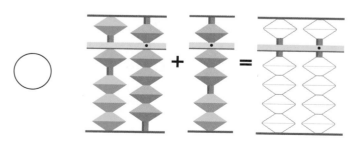

10을 활용한 6의 덧셈

4,9에 6을 더할 때는 십의 자리에서 엄지로 아래 한 알을 올리고, 일의 자리에서 엄지로 아래 네 알을 내린다.

$$9 + 6 = 15$$

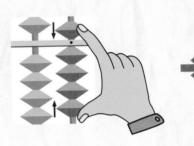 →  →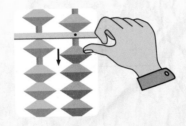

일의 자리에서 엄지와 검지로 동시에 9를 놓습니다.

9에 6을 더할 수 없으므로 앞자리(십의 자리)에 1을 더해주고

일의 자리에서 6의 보수 4를 엄지로 빼줍니다.

⭐ 주판으로 해 보세요.

1	2	3	4	5	6	7	8	9	10
3	4	2	3	9	7	1	6	4	4
1	6	2	6	6	2	8	3	5	0
6	5	6	6	3	6	6	6	6	6

11	12	13	14	15	16	17	18	19	20
1	2	3	8	4	5	6	7	8	6
9	9	7	7	6	4	9	9	8	3
9	8	9	4	3	6	4	3	3	6
6	6	6	6	7	2	6	6	6	1

⭐ 주판으로 해 보세요.

1	2	3	4	5	6	7	8	9	10
2	1	3	4	5	3	3	4	5	4
6	8	6	8	3	9	1	6	4	5
9	6	6	7	7	8	5	6	6	6
2	3	4	6	4	4	6	9	3	3
6	1	8	1	6	6	1	1	7	8

11	12	13	14	15	16	17	18	19	20
2	9	1	3	2	4	3	8	8	1
7	9	9	7	5	0	1	1	1	6
6	1	4	6	8	6	9	6	6	9
3	6	6	3	4	9	6	3	4	3
1	4	5	6	6	7	6	9	7	6

21	22	23	24	25	26	27	28	29	30
7	5	1	5	4	3	3	8	3	7
8	1	7	2	5	1	7	7	1	9
4	9	9	9	6	6	8	2	5	3
6	4	2	3	2	6	1	2	6	6
1	6	6	6	8	9	6	6	4	1

실력쑥쑥

⭐ 주판으로 해 보세요.

1	2	3	4	5	6	7	8	9	10
5	4	3	1	3	8	2	2	1	4
1	6	1	2	7	8	9	9	9	6
9	1	5	1	9	9	7	9	9	7
4	7	6	6	6	4	1	9	6	9
6	9	3	7	3	6	6	6	3	9

11	12	13	14	15	16	17	18	19	20
1	2	2	1	3	5	8	2	6	2
6	8	7	9	1	4	8	9	3	5
8	9	6	8	9	6	0	8	0	9
4	6	4	1	6	3	3	6	6	3
6	2	7	6	6	8	6	1	3	6

21	22	23	24	25	26	27	28	29	30
6	1	3	8	2	1	8	3	4	5
3	9	5	7	7	8	9	9	9	2
6	4	7	4	6	6	2	7	6	8
4	5	4	6	3	0	6	6	6	4
9	6	6	1	7	3	2	2	1	6

⭐ 주판으로 해 보세요.

올셈 1단계

1	2	3	4	5	6	7	8	9	10
1	2	3	4	5	6	7	8	9	8
1	2	6	8	1	1	9	1	0	8
9	9	7	9	9	8	3	6	9	3
8	7	3	8	4	4	6	0	1	6
6	3	6	6	7	6	2	3	6	2

11	12	13	14	15	16	17	18	19	20
3	4	12	24	18	19	18	19	53	64
7	6	9	6	9	6	7	9	6	6
14	13	8	0	2	10	13	51	10	10
6	7	6	9	6	3	9	7	9	7

⭐ 읽으면서 주판으로 놓아보세요.

1	1 + 8 + 6 =
2	2 + 7 + 6 =
3	3 + 6 + 6 =
4	4 + 5 + 6 =
5	5 + 3 + 8 =

6	9 + 6 + 3 =
7	9 + 0 + 6 =
8	8 + 1 + 6 =
9	1 + 3 + 6 =
10	5 + 4 + 6 =

연산학습

Q 1 주산식 암산을 이용해서 아래칸에 답을 써보시오.

➡ 일의 자리에서 6를 더할 수 없을 때 십의 자리에 하나를 더해주고 일의 자리에서 4를 빼줍니다.

+6	4	9	14	19	24	29	39	30	34
	22	59	54	69	64	79	74	89	84

Q 2 주판에 놓인 수와 아래 수를 암산으로 해 보시오.

1	2	3	4	5
2 6	6 8	6 2	6 5	1 6

6	7	8	9	10
3 6	2 6	6 3	6 6	5 6

Q 3 계산을 하시오.

① □
  9
+ 6

② 2
+ 6

③ □
  8
+ 5

④ □
  8
+ 7

⑤ □
 11
+ 9

⑥ □
 14
+ 6

⑦ □
 7
+ 9

⑧ □
 9
+ 8

Q 4 빈칸에 알맞은 수를 써넣으시오.

①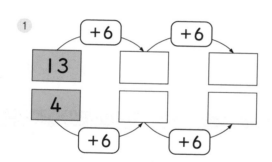

②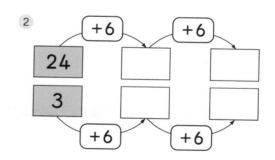

Q 5 □ 안에 알맞은 수를 써넣으시오.

①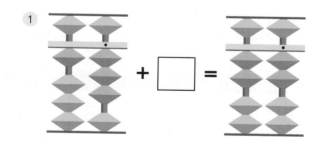

②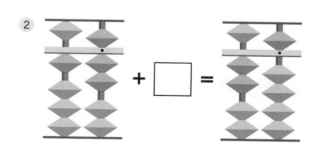

③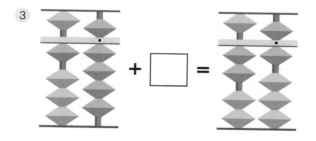

④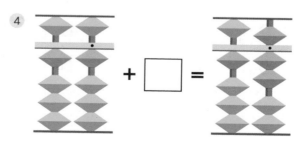

10을 활용한 5의 덧셈

5,6,7,8,9에 5를 더할 때는 십의 자리에서 엄지로 아래 한 알을 올리고,
일의 자리에서 검지로 윗알을 올린다.

$$7 + 5 = 12$$

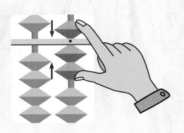 →  →

일의 자리에서 엄지와 검지로 동시에 7을 놓습니다.

7에 5를 더할 수 없으므로 앞자리(십의 자리)에 1을 더해주고

일의 자리에서 5의 보수 5를 검지로 빼줍니다.

⭐ 주판으로 해 보세요.

1	2	3	4	5	6	7	8	9	10
3	5	2	3	9	7	1	6	4	8
5	5	7	6	6	2	8	3	5	5
5	4	5	5	5	5	5	5	5	5

11	12	13	14	15	16	17	18	19	20
1	2	3	8	4	5	6	7	8	6
9	9	7	7	6	4	9	9	8	3
9	8	9	4	7	5	4	3	3	5
5	5	5	5	5	5	5	5	5	5

주판으로 배우는 암산 수학 매직셈

⭐ 주판으로 해 보세요.

1	2	3	4	5	6	7	8	9	10
2	1	3	4	5	3	3	4	5	4
6	8	6	8	3	9	1	6	4	5
9	7	6	7	7	7	5	6	5	6
2	5	5	5	4	5	5	5	8	3
5	2	8	5	5	6	8	2	9	5

11	12	13	14	15	16	17	18	19	20
2	9	1	3	2	4	3	8	8	1
7	9	9	7	5	0	1	1	1	6
5	1	5	6	8	6	9	6	6	9
7	5	5	3	4	9	6	3	4	3
1	8	7	5	5	5	5	5	5	5

21	22	23	24	25	26	27	28	29	30
7	5	1	5	4	3	3	8	3	7
8	1	7	2	5	1	7	7	1	9
5	9	5	9	6	6	8	2	5	2
5	5	1	3	2	6	1	2	6	5
1	5	5	5	5	5	5	5	5	1

실력쑥쑥

★ 주판으로 해 보세요.

1	2	3	4	5	6	7	8	9	10
5	4	3	1	3	8	1	2	1	4
1	6	1	2	7	8	9	9	9	6
9	1	5	5	6	9	8	9	9	7
2	7	6	5	5	5	1	9	5	5
5	5	5	7	3	6	5	5	9	9

11	12	13	14	15	16	17	18	19	20
1	2	2	1	3	5	8	1	6	2
6	8	7	9	1	4	8	9	1	5
8	9	6	7	9	6	0	8	0	9
4	5	4	2	6	3	3	5	5	3
5	7	5	5	5	5	5	1	2	5

21	22	23	24	25	26	27	28	29	30
6	1	3	8	2	1	8	3	4	5
3	9	5	8	7	8	9	8	8	2
6	4	7	5	6	6	2	7	6	8
4	5	4	5	3	0	5	5	5	4
5	5	5	1	5	5	6	1	1	5

⭐ 주판으로 해 보세요.

1	2	3	4	5	6	7	8	9	10
1	2	3	4	5	6	7	8	9	8
1	2	6	8	1	1	9	1	0	9
9	7	7	9	9	8	3	5	9	5
8	7	3	8	4	4	5	0	1	5
5	5	5	5	5	5	8	7	5	2

11	12	13	14	15	16	17	18	19	20
3	4	12	24	18	19	18	19	53	64
7	6	9	6	9	6	7	9	6	6
16	17	8	9	2	5	13	51	10	17
5	5	5	5	5	3	5	5	5	5

⭐ 읽으면서 주판으로 놓아보세요.

1	1 + 8 + 5 =	6	9 + 8 + 5 =
2	2 + 7 + 5 =	7	9 + 0 + 5 =
3	3 + 6 + 5 =	8	8 + 1 + 5 =
4	4 + 5 + 5 =	9	1 + 5 + 5 =
5	5 + 3 + 5 =	10	5 + 5 + 6 =

연산학습

주산식 암산을 이용해서 아래칸에 답을 써보시오.

➡ 일의 자리에서 5를 더할 수 없을 때 십의 자리에 하나를 더해주고 일의 자리에서 5를 빼줍니다.

+5	6	8	9	15	7	19	16	26	35
	28	39	55	69	65	75	76	85	86

Q 2 주판에 놓인 수와 아래 수를 암산으로 해 보시오.

	1	2	3	4	5
	5 5	5 5	5 5	5 5	5 7

	6	7	8	9	10
	2 5	1 5	9 5	6 5	5 6

Q 3 계산을 하시오.

1.
```
    □
    6
 +  5
─────
```

2.
```
    □
    3
 +  9
─────
```

3.
```
    □
    7
 +  5
─────
```

4.
```
   1 2
 +   5
─────
```

5.
```
    □
    2
 +  8
─────
```

6.
```
    4
 +  5
─────
```

7.
```
   1 9
 +   6
─────
```

8.
```
    □
    7
 +  8
─────
```

Q 4 빈칸에 알맞은 수를 써넣으시오.

1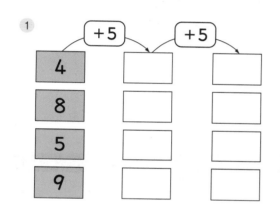

2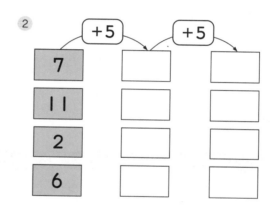

Q 5 수직선을 보고 □ 안에 알맞은 수를 써넣으시오.

1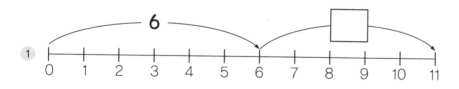

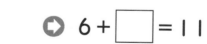 ➡ $6 + \boxed{} = 11$

2 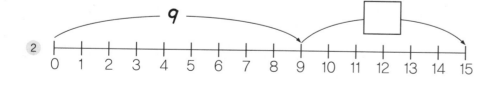 ➡ $9 + \boxed{} = 15$

3 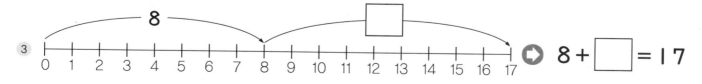 ➡ $8 + \boxed{} = 17$

10을 활용한 4의 덧셈

6,7,8,9에 4를 더할 때는 십의 자리에서 엄지로 아래 한 알을 올리고, 일의 자리에서 엄지로 아래 한 알을 내리는 동시에 검지로 윗알을 올린다.

$$8 + 4 = 12$$

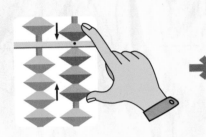

일의 자리에서 엄지와 검지로 동시에 8을 놓습니다.

8에 4를 더할 수 없으므로 앞자리(십의 자리)에 1을 더해주고

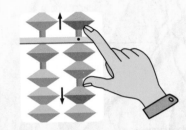

일의 자리에서 4의 보수 6을 엄지와 검지로 동시에 빼줍니다.

⭐ 주판으로 해 보세요.

1	2	3	4	5	6	7	8	9	10
3	8	2	3	9	7	1	6	4	6
5	4	7	6	4	2	8	3	5	4
4	5	4	4	6	4	4	4	4	5

11	12	13	14	15	16	17	18	19	20
1	2	3	8	4	5	6	7	8	6
9	9	7	7	6	4	9	9	8	3
9	8	9	4	6	4	4	3	4	4
4	4	4	4	4	1	4	4	5	1

⭐ 주판으로 해 보세요.

1	2	3	4	5	6	7	8	9	10
2	1	3	4	5	3	3	4	5	4
6	8	6	8	3	9	1	6	4	5
9	4	4	7	4	8	5	6	4	6
2	6	5	4	6	6	4	4	1	3
4	9	8	5	5	4	1	9	7	4

11	12	13	14	15	16	17	18	19	20
2	9	1	3	2	4	3	8	8	1
7	9	9	7	5	0	1	1	1	6
5	4	6	6	8	6	9	6	4	9
5	5	4	4	4	9	6	3	5	3
4	8	7	5	4	4	4	4	7	4

21	22	23	24	25	26	27	28	29	30
7	5	1	5	4	3	3	8	3	7
8	1	7	2	5	1	7	7	1	9
5	4	4	4	6	6	8	2	5	2
5	5	1	3	2	6	1	4	4	4
4	5	6	5	4	4	4	5	9	1

실력쑥쑥

⭐ 주판으로 해 보세요.

1	2	3	4	5	6	7	8	9	10
5	4	3	1	3	8	1	2	2	4
1	6	1	2	7	8	9	9	9	6
9	1	5	5	6	4	8	9	8	7
3	7	4	4	4	5	1	9	4	4
4	4	7	7	3	3	4	4	9	9

11	12	13	14	15	16	17	18	19	20
1	2	2	1	3	5	8	1	6	2
6	8	7	9	1	4	8	9	1	5
8	9	6	8	9	6	0	9	0	4
4	4	4	4	6	3	3	4	4	3
4	1	4	5	4	4	4	9	2	8

21	22	23	24	25	26	27	28	29	30
6	1	3	8	2	1	8	3	4	5
3	9	5	8	7	8	9	8	8	2
6	4	7	5	6	6	2	7	6	8
4	5	4	5	3	0	4	4	4	4
4	4	4	4	4	4	8	6	2	4

⭐ 주판으로 해 보세요.

1	2	3	4	5	6	7	8	9	10
1	2	3	4	5	6	7	8	9	8
1	2	6	8	1	1	9	1	0	9
9	7	4	5	9	8	3	4	9	5
8	7	6	4	4	4	4	0	1	5
4	4	5	6	4	4	5	7	4	4

11	12	13	14	15	16	17	18	19	20
3	6	12	26	18	19	18	19	53	66
7	4	6	4	9	4	4	9	6	4
16	17	4	9	4	5	12	51	10	17
4	5	5	5	5	7	5	4	4	5

⭐ 읽으면서 주판으로 놓아보세요.

1 1 + 8 + 4 =	6 9 + 8 + 4 =
2 2 + 7 + 4 =	7 9 + 0 + 4 =
3 3 + 6 + 4 =	8 8 + 1 + 4 =
4 4 + 5 + 4 =	9 1 + 5 + 4 =
5 5 + 3 + 4 =	10 6 + 4 + 7 =

연산학습

Q 1 주산식 암산을 이용해서 아래칸에 답을 써보시오.

➡ 일의 자리에서 4를 더할 수 없을 때 십의 자리에 하나를 더해주고 일의 자리에서 6을 빼줍니다.

+4	6	7	9	18	8	19	16	26	36
	56	67	78	89	66	87	76	88	86

Q 2 주판에 놓인 수와 아래 수를 암산으로 해 보시오.

1	2	3	4	5
4 7	4 7	4 5	2 4	2 4

6	7	8	9	10
3 4	1 4	9 4	6 4	5 4

Q 3 계산을 하시오.

① □
  6
+ 4

② □
  6
+ 9

③ □
  4
+ 7

④ □
  17
+ 4

⑤ □
  7
+ 4

⑥ □
  19
+ 4

⑦ □
  9
+ 4

⑧ □
  8
+ 8

Q 4 빈칸에 알맞은 수를 써넣으시오.

①
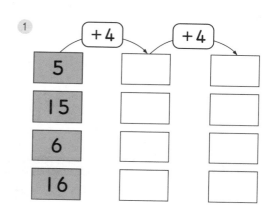

②
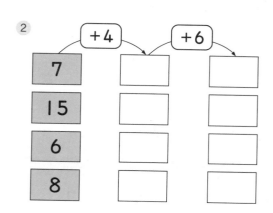

Q 5 수직선을 보고 □ 안에 알맞은 수를 써넣으시오.

①
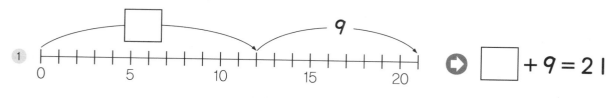
➡ □ + 9 = 21

②
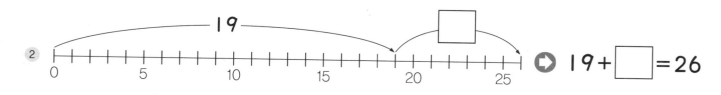
➡ 19 + □ = 26

③
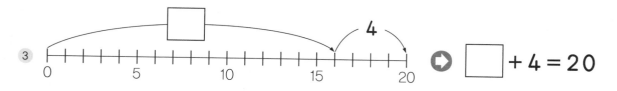
➡ □ + 4 = 20

10을 활용한 3의 덧셈

7,8,9에 3을 더할 때는 십의 자리에서 엄지로 아래 한 알을 올리고, 일의 자리에서 엄지로 아래 두 알을 내리는 동시에 검지로 윗알을 올린다.

$$9 + 3 = 12$$

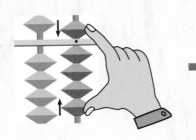

일의 자리에서 엄지와 검지로 동시에 9를 놓습니다.

9에 3을 더할 수 없으므로 앞자리(십의 자리)에 1을 더해주고

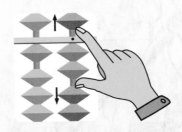

일의 자리에서 3의 보수 7을 엄지와 검지로 동시에 빼줍니다.

⭐ 주판으로 해 보세요.

1	2	3	4	5	6	7	8	9	10
3	8	2	3	9	7	1	6	4	7
5	3	7	6	3	2	8	3	5	3
3	5	3	3	6	3	3	3	3	5

11	12	13	14	15	16	17	18	19	20
1	2	3	8	4	5	6	7	8	6
9	9	7	7	6	4	9	9	9	3
9	8	9	4	7	3	4	3	3	3
3	3	3	3	3	1	3	3	5	1

⭐ 주판으로 해 보세요.

1	2	3	4	5	6	7	8	9	10
2	1	3	4	5	3	3	4	5	4
6	8	6	8	3	9	1	6	4	5
9	3	3	7	4	8	5	7	3	3
2	6	5	3	6	7	3	3	1	6
3	9	8	5	3	3	1	9	7	4

11	12	13	14	15	16	17	18	19	20
2	9	1	3	2	4	3	8	8	1
7	9	9	7	5	0	1	1	1	6
5	4	7	7	8	6	9	6	3	9
5	5	3	3	4	9	6	3	5	1
3	3	7	5	3	3	3	3	8	3

21	22	23	24	25	26	27	28	29	30
7	5	1	5	4	3	3	8	3	7
8	1	7	2	5	1	7	7	1	9
4	1	3	3	6	6	8	2	5	2
3	3	1	3	2	7	1	3	3	3
6	5	6	5	3	3	3	5	9	1

실력쑥쑥

⭐ 주판으로 해 보세요.

1	2	3	4	5	6	7	8	9	10
5	4	3	1	3	8	1	2	2	4
2	6	1	2	7	8	9	9	9	6
9	1	5	5	8	5	8	9	9	7
4	7	3	3	3	6	1	9	3	3
3	3	7	7	3	3	3	3	9	9

11	12	13	14	15	16	17	18	19	20
1	2	2	1	3	5	8	1	6	2
6	8	7	9	1	4	8	9	1	5
8	9	6	8	9	6	0	9	0	2
4	3	3	3	6	3	3	3	3	3
3	1	4	6	3	3	3	9	2	8

21	22	23	24	25	26	27	28	29	30
6	1	3	8	2	1	8	3	4	5
3	9	5	9	7	8	4	8	8	2
6	4	7	2	6	6	2	7	6	8
4	5	4	3	3	4	5	3	3	4
3	3	3	6	3	3	3	6	2	3

⭐ 주판으로 해 보세요.

1	2	3	4	5	6	7	8	9	10
1	2	3	4	5	6	7	8	9	8
1	2	6	8	1	1	4	1	0	9
9	7	4	5	9	3	3	3	9	5
8	7	6	3	4	7	5	1	1	5
3	3	3	6	3	4	3	7	3	3

11	12	13	14	15	16	17	18	19	20
3	6	12	24	18	19	18	19	53	66
7	4	6	6	3	4	3	9	6	4
17	17	3	9	6	5	18	51	10	17
3	3	5	3	3	3	3	3	3	3

⭐ 읽으면서 주판으로 놓아보세요.

1	1 + 8 + 3 =	6	9 + 3 + 6 =
2	2 + 7 + 3 =	7	9 + 0 + 3 =
3	3 + 6 + 3 =	8	8 + 3 + 3 =
4	4 + 5 + 3 =	9	1 + 7 + 3 =
5	5 + 3 + 3 =	10	9 + 9 + 3 =

연산학습

Q 1 주산식 암산을 이용해서 아래칸에 답을 써보시오.

➡ 일의 자리에서 3를 더할 수 없을 때 십의 자리에 하나를 더해주고 일의 자리에서 7를 빼줍니다.

+3	7	8	9	19	18	17	27	28	29
	39	38	37	87	88	89	79	78	67

Q 2 주판에 놓인 수와 아래 수를 암산으로 해 보시오.

1	2	3	4	5
3 7	3 7	3 2	2 3	2 3

6	7	8	9	10
3 3	1 3	9 3	6 3	5 3

Q 3 계산을 하시오.

①
```
    5
+   3
_____
```

② □
```
    7
+   4
_____
```

③ □
```
    9
+   6
_____
```

④ □
```
    8
+   3
_____
```

⑤ □
```
    6
+   5
_____
```

⑥ □
```
    3
+   7
_____
```

⑦ □
```
    6
+   4
_____
```

⑧ □
```
    9
+   3
_____
```

Q 4 다음 수를 가르기 하시오.

①

7	2	1			4
			3	6	

②

9	6			1	3
		4	7		

Q 5 □ 안에 규칙을 찾아 알맞은 수를 써넣으시오.

①

11		31		51

②

5	10			25

③

10		30	40	

10을 활용한 2의 덧셈

8, 9에 2를 더할 때는 십의 자리에서 엄지로 아래 한 알을 올리고, 일의 자리에서 엄지로 아래 세 알을 내리는 동시에 검지로 윗알을 올린다.

$$9 + 2 = 11$$

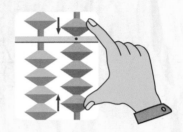

일의 자리에서 엄지와 검지로 동시에 9를 놓습니다.

9에 2를 더할 수 없으므로 앞자리(십의 자리)에서 1을 더해주고

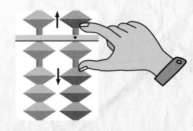

일의 자리에서 2의 보수 8을 엄지와 검지로 동시에 빼줍니다.

⭐ 주판으로 해 보세요.

1	2	3	4	5	6	7	8	9	10
3	8	2	3	9	7	1	6	4	5
5	2	7	6	2	2	8	3	5	4
2	5	2	2	6	2	2	2	2	2

11	12	13	14	15	16	17	18	19	20
1	2	3	8	4	5	6	7	9	6
9	9	7	7	6	4	9	9	9	3
9	8	9	4	8	2	4	3	2	3
2	2	2	2	2	1	2	2	5	2

⭐ 주판으로 해 보세요.

1	2	3	4	5	6	7	8	9	10
3	1	3	4	5	3	3	4	5	4
6	8	6	8	3	9	1	6	4	5
9	2	2	7	2	8	5	8	2	2
2	6	8	2	6	8	2	2	1	6
3	9	5	5	3	2	1	9	7	4

11	12	13	14	15	16	17	18	19	20
2	9	1	3	2	4	3	8	8	1
7	9	9	7	5	0	1	1	1	6
2	2	8	8	8	6	9	6	2	2
5	5	2	2	4	9	6	3	5	2
3	3	7	5	2	2	2	2	9	3

21	22	23	24	25	26	27	28	29	30
7	5	1	5	4	3	3	8	3	7
8	1	7	3	5	1	7	7	1	9
4	1	2	2	6	6	8	3	5	2
2	2	1	3	4	8	2	2	2	2
6	5	6	5	2	2	3	5	9	1

실력쑥쑥

⭐ 주판으로 해 보세요.

1	2	3	4	5	6	7	8	9	10
5	4	3	1	3	8	1	2	1	4
1	6	1	2	7	8	9	9	9	6
9	1	5	5	8	5	8	9	9	9
3	7	2	2	2	7	1	9	2	2
2	2	7	7	3	2	2	2	7	9

11	12	13	14	15	16	17	18	19	20
1	2	2	1	3	5	8	1	6	2
6	8	7	9	1	4	8	9	1	5
8	9	6	8	9	6	0	9	1	2
4	2	4	2	6	3	3	2	2	2
2	1	2	5	2	2	2	9	2	8

21	22	23	24	25	26	27	28	29	30
6	1	3	8	2	1	8	3	4	5
3	9	5	9	7	8	4	8	8	2
6	4	2	2	6	6	2	7	6	8
4	5	4	2	3	4	5	2	2	4
2	2	5	6	2	2	2	6	2	2

⭐ 주판으로 해 보세요.

1	2	3	4	5	6	7	8	9	10
1	2	3	4	5	6	7	8	9	8
1	2	6	8	1	1	4	1	0	9
9	7	4	6	9	3	3	2	9	5
8	7	6	2	4	9	5	1	1	6
2	2	2	6	2	2	2	7	2	2

11	12	13	14	15	16	17	18	19	20
3	6	19	24	18	19	18	19	53	66
7	4	2	6	3	4	2	9	6	4
18	18	3	9	7	5	18	51	10	17
2	2	5	2	2	2	3	2	2	2

⭐ 읽으면서 주판으로 놓아보세요.

1	1 + 8 + 2 =	6	9 + 2 + 6 =
2	2 + 7 + 2 =	7	9 + 0 + 2 =
3	3 + 6 + 2 =	8	8 + 2 + 3 =
4	4 + 5 + 2 =	9	1 + 7 + 2 =
5	5 + 3 + 2 =	10	9 + 9 + 2 =

연산학습

Q 1 주산식 암산을 이용해서 아래칸에 답을 써보시오.

➡ 일의 자리에서 2를 더할 수 없을 때 십의 자리에 하나를 더해주고 일의 자리에서 8를 빼줍니다.

+2	8	9	19	18	29	28	38	39	47
	59	58	69	68	78	79	89	88	97

Q 2 주판에 놓인 수와 아래 수를 암산으로 해 보시오.

1	2	3	4	5
3 2	2 7	2 2	3 2	2 2

6	7	8	9	10
3 2	1 2	9 2	6 2	5 2

Q 3 계산을 하시오.

①
```
    6
  + 2
  ───
```

②
```
  □ 4
  + 7
  ───
```

③
```
  □ 8
  + 3
  ───
```

④
```
  □ 8
  + 5
  ───
```

⑤
```
  □ 1
  + 9
  ───
```

⑥
```
  □ 9
  + 8
  ───
```

⑦
```
  □ 8
  + 2
  ───
```

⑧
```
  □ 9
  + 4
  ───
```

Q 4 빈칸에 알맞은 수를 써넣으시오.

① $3 + \boxed{} = 10$

② $\boxed{} + 4 = 10$

③ $8 + \boxed{} = 13$

④ $\boxed{} + 9 = 13$

⑤ $7 + \boxed{} = 15$

⑥ $\boxed{} + 6 = 15$

Q 5 □ 안에 규칙을 찾아 알맞은 수를 써넣으시오.

①

2	4		8	

②

4		12		20

③

6		18	24	

10을 활용한 1의 덧셈

9에 1을 더할 때는 십의 자리에서 엄지로 아래 한 알을 올리고, 일의 자리에서 엄지로 아래 네 알을 내리는 동시에 검지로 윗알을 올린다.

$$9 + 1 = 10$$

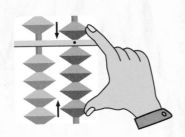

일의 자리에서 9를 엄지와 검지로 동시에 놓습니다.

9에 1을 더할 수 없으므로 앞자리(십의 자리)에 1을 더해주고

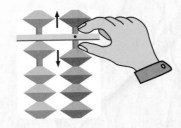

일의 자리에서 1의 보수 9를 엄지와 검지로 동시에 빼줍니다.

⭐ 주판으로 해 보세요.

1	2	3	4	5	6	7	8	9	10
4	9	2	3	9	7	1	6	8	5
5	1	7	6	1	2	8	3	1	4
1	5	1	1	6	1	1	1	1	1

11	12	13	14	15	16	17	18	19	20
1	2	3	8	4	5	6	7	9	6
9	9	7	7	6	4	9	9	9	3
9	8	9	4	9	1	4	3	1	1
1	1	1	1	1	1	1	1	1	8

★ 주판으로 해 보세요.

1	2	3	4	5	6	7	8	9	10
3	1	3	4	5	3	3	4	5	4
6	8	6	8	4	9	1	6	4	5
9	1	2	7	1	8	5	9	1	1
1	6	8	1	6	9	1	1	1	6
1	9	1	5	2	1	7	9	7	5

11	12	13	14	15	16	17	18	19	20
2	9	4	3	2	4	3	8	8	1
7	9	9	7	5	0	1	1	2	6
1	1	1	9	8	6	9	1	9	2
8	1	5	1	4	9	6	3	1	1
3	6	1	5	1	1	1	5	5	3

21	22	23	24	25	26	27	28	29	30
7	5	1	5	4	3	3	8	5	7
8	1		3	5	1	7	7	4	9
4	1	7	1	1	6	8	4	1	2
1	2	1	1	3	9	1	1	2	1
6	1	6	5	7	1	1	8	9	1

실력쑥쑥

⭐ 주판으로 해 보세요.

1	2	3	4	5	6	7	8	9	10
5	4	3	1	3	8	1	2	9	4
3	6	1	3	7	8	9	9	1	6
8	1	5	5	8	5	9	9	9	9
3	8	1	1	1	8	1	9	8	1
1	1	7	7	1	1	2	1	5	6

11	12	13	14	15	16	17	18	19	20
1	2	2	9	3	5	8	1	6	2
6	8	7	1	1	4	8	9	1	5
8	9	1	8	9	1	0	9	2	2
4	1	3	2	6	3	3	1	1	1
1	8	5	5	1	9	1	9	4	8

21	22	23	24	25	26	27	28	29	30
6	1	3	8	2	1	8	3	4	5
3	9	5	9	7	8	4	8	8	2
1	4	1	2	6	6	2	7	7	8
4	5	1	1	4	4	5	1	1	4
7	1	5	6	1	1	1	1	2	1

⭐ 주판으로 해 보세요.

1	2	3	4	5	6	7	8	9	10
1	2	3	4	5	6	7	8	9	8
1	2	6	8	1	1	4	1	0	9
9	7	1	6	9	3	3	1	9	5
8	8	6	1	4	9	5	7	1	7
1	1	2	1	1	1	1		1	1

11	12	13	14	15	16	17	18	19	20
3	6	19	24	18	19	18	19	53	66
7	4	1	6	3	4	2	9	6	5
19	19	3	9	8	6	19	51	10	18
1	1	5	1	1	1	1	1	1	1

⭐ 읽으면서 주판으로 놓아보세요.

1	1 + 8 + 1 =
2	2 + 7 + 1 =
3	3 + 6 + 1 =
4	4 + 5 + 1 =
5	5 + 4 + 1 =

6	9 + 1 + 6 =
7	9 + 0 + 1 =
8	8 + 1 + 1 =
9	7 + 2 + 1 =
10	6 + 3 + 1 =

연산학습

Q 1 주산식 암산을 이용해서 아래칸에 답을 써보시오.

➡ 일의 자리에서 1를 더할 수 없을 때 십의 자리에 하나를 더해주고 일의 자리에서 9를 빼줍니다.

+1	9	19	29	39	59	79	69	89	48
	119	129	139	148	189	179	169	159	98

Q 2 주판에 놓인 수와 아래 수를 암산으로 해 보시오.

1	2	3	4	5
2	1	1	4	3
1	1	2	1	1

6	7	8	9	10
8	7	6	5	1
1	1	1	1	6

Q 3 계산을 하시오.

①
$$\begin{array}{r} 5 \\ + 1 \\ \hline \end{array}$$

② □
$$\begin{array}{r} 8 \\ + 7 \\ \hline \end{array}$$

③
$$\begin{array}{r} 3 \\ + 5 \\ \hline \end{array}$$

④ □
$$\begin{array}{r} 19 \\ + 1 \\ \hline \end{array}$$

⑤ □
$$\begin{array}{r} 4 \\ + 9 \\ \hline \end{array}$$

⑥ □
$$\begin{array}{r} 9 \\ + 6 \\ \hline \end{array}$$

⑦ □
$$\begin{array}{r} 8 \\ + 5 \\ \hline \end{array}$$

⑧ □
$$\begin{array}{r} 19 \\ + 2 \\ \hline \end{array}$$

Q 4 빈칸에 알맞은 수를 써넣으시오.

① $13 + \square = 19$

② $19 + \square = 27$

③ $16 + \square = 25$

④ $11 + \square = 18$

⑤ $18 + \square = 23$

⑥ $14 + \square = 23$

Q 5 □ 안에 규칙을 찾아 알맞은 수를 써넣으시오.

①

	6		12	15

②

5		15	20	

③

7	14			35

종합연습문제

⭐ 주판으로 해 보세요.

1	2	3	4	5	6	7	8	9	10
5	9	1	2	6	8	5	2	8	4
4	2	8	8	4	2	4	7	2	7
1	8	2	7	5	9	1	1	9	3
3	2	2	9	3	3	8	8	6	5
9	1	9	4	8	1	3	4	2	6

11	12	13	14	15	16	17	18	19	20
3	4	2	4	3	3	6	7	9	4
1	9	8	7	8	8	5	5	1	7
6	8	9	5	1	8	8	7	3	8
7	3	1	9	9	8	3	4	5	9
9	7	5	4	6	3	2	1	3	5

⭐ 모형 주판을 이용하여 암산으로 풀어보세요.

1	2	3	4	5	6	7	8	9	10
1	2	1	1	2	3	4	5	6	7
2	2	3	5	5	1	0	2	3	1
9	9	9	9	9	9	9	9	9	9

⭐ 주판으로 해 보세요.

1	2	3	4	5	6	7	8	9	10
13	16	19	2	6	7	4	6	8	5
5	4	3	16	15	12	8	5	4	4
8	7	8	5	7	8	17	19	18	13
4	9	6	7	9	9	5	7	6	7

11	12	13	14	15	16	17	18	19	20
17	11	11	12	13	14	19	16	17	18
5	9	6	5	6	8	4	3	8	3
18	14	18	13	19	6	5	7	3	5
3	8	4	7	8	17	15	12	15	19

⭐ 모형 주판을 이용하여 암산으로 풀어보세요.

1	2	3	4	5	6	7	8	9	10
6	1	1	1	2	3	4	6	7	8
3	6	7	8	6	6	5	4	4	4
4	4	4	4	4	4	4	3	2	5

1단계 종합평가

⭐ 주판으로 해 보세요.

1	2	3	4	5	6	7	8	9	10
4	9	1	2	6	6	5	7	8	9
5	3	8	7	4	5	4	4	4	4
1	6	4	4	5	8	1	1	9	5
7	4	6	7	4	4	6	8	6	4
4	7	9	4	6	1	4	7	4	7

11	12	13	14	15	16	17	18	19	20
3	4	2	7	3	3	6	7	8	7
1	9	8	5	8	7	5	5	1	4
6	1	7	5	1	8	8	6	5	8
7	5	4	9	6	7	4	4	5	5
4	7	5	3	5	5	5	5	3	6

⭐ 모형 주판을 이용하여 암산으로 풀어보세요.

1	2	3	4	5	6	7	8	9	10
1	2	1	2	5	3	6	7	6	8
2	2	3	5	2	1	2	1	3	1
8	8	8	8	8	8	8	8	8	8

공부한 날

월
___
일
___

⭐ 주판으로 해 보세요.

1	2	3	4	5	6	7	8	9	10
14	14	17	16	12	18	18	19	15	12
8	5	8	3	8	7	7	4	3	6
15	16	15	15	17	11	15	15	15	18
8	4	5	6	4	4	6	7	6	3

11	12	13	14	15	16	17	18	19	20
14	16	17	15	12	19	17	19	18	13
5	2	4	3	7	7	9	4	7	9
17	4	15	12	18	14	13	17	15	18
9	18	9	8	4	6	5	3	9	4

⭐ 모형 주판을 이용하여 암산으로 풀어보세요.

1	2	3	4	5	6	7	8	9	10
7	2	1	1	2	3	4	8	1	5
3	7	7	8	6	6	5	2	7	4
4	3	3	3	3	3	3	7	2	2

구구단을 외우자

2 × 1 = 0 2	3 × 1 = 0 3	4 × 1 = 0 4
2 × 2 = 0 4	3 × 2 = 0 6	4 × 2 = 0 8
2 × 3 = 0 6	3 × 3 = 0 9	4 × 3 = 1 2
2 × 4 = 0 8	3 × 4 = 1 2	4 × 4 = 1 6
2 × 5 = 1 0	3 × 5 = 1 5	4 × 5 = 2 0
2 × 6 = 1 2	3 × 6 = 1 8	4 × 6 = 2 4
2 × 7 = 1 4	3 × 7 = 2 1	4 × 7 = 2 8
2 × 8 = 1 6	3 × 8 = 2 4	4 × 8 = 3 2
2 × 9 = 1 8	3 × 9 = 2 7	4 × 9 = 3 6

5 × 1 = 0 5	6 × 1 = 0 6	7 × 1 = 0 7
5 × 2 = 1 0	6 × 2 = 1 2	7 × 2 = 1 4
5 × 3 = 1 5	6 × 3 = 1 8	7 × 3 = 2 1
5 × 4 = 2 0	6 × 4 = 2 4	7 × 4 = 2 8
5 × 5 = 2 5	6 × 5 = 3 0	7 × 5 = 3 5
5 × 6 = 3 0	6 × 6 = 3 6	7 × 6 = 4 2
5 × 7 = 3 5	6 × 7 = 4 2	7 × 7 = 4 9
5 × 8 = 4 0	6 × 8 = 4 8	7 × 8 = 5 6
5 × 9 = 4 5	6 × 9 = 5 4	7 × 9 = 6 3

8 × 1 = 0 8	9 × 1 = 0 9
8 × 2 = 1 6	9 × 2 = 1 8
8 × 3 = 2 4	9 × 3 = 2 7
8 × 4 = 3 2	9 × 4 = 3 6
8 × 5 = 4 0	9 × 5 = 4 5
8 × 6 = 4 8	9 × 6 = 5 4
8 × 7 = 5 6	9 × 7 = 6 3
8 × 8 = 6 4	9 × 8 = 7 2
8 × 9 = 7 2	9 × 9 = 8 1

주판으로 배우는 암산 수학

매직셈 홈페이지 : www.magicsem.co.kr

무료상담 : 080-3131-7404

EQ 올셈 1단계

P.8
1 3　2 0　3 2　4 4　5 1
6 7　7 6　8 9　9 5　10 8
11 43　12 21　13 30　14 14　15 22
16 41　17 26　18 37　19 90　20 59

P.9
1　2　3　4　5

6　7　8　9　10
11　12　13　14　15
16　17　18　19　20

P.10
1 3　2 3　3 4　4 1　5 2
6 0　7 3　8 4　9 1　10 2
11 3　12 2　13 3　14 4　15 2
16 4　17 4　18 0　19 2　20 2
21 33　22 22　23 11　24 22　25 44
26 43　27 22　28 11　29 11　30 11

P.11
1 4　2 3　3 2　4 4　5 1
6 4　7 1　8 4　9 2　10 4
11 1　12 4　13 0　14 3　15 1
16 3　17 4　18 3　19 1　20 2
21 3　22 3　23 4　24 1　25 3
26 2　27 3　28 2　29 4　30 1

P.12
1 6　2 6　3 7　4 7　5 8
6 8　7 5　8 5　9 9　10 9
11 7　12 8　13 9　14 8　15 9
16 9　17 9　18 8　19 9　20 9
21 88　22 66　23 33　24 55　25 55
26 77　27 77　28 0　29 55　30 77

P.13
1 4　2 2　3 8　4 3　5 6
6 2　7 5　8 8　9 4　10 9
11 6　12 8　13 9　14 3　15 1
16 3　17 5　18 5　19 4　20 9
21 9　22 4　23 1　24 9　25 7
26 7　27 8　28 2　29 3　30 8

P.14
1 9　2 8　3 9　4 9　5 8
6 9　7 6　8 2　9 2　10 1
11 2　12 8　13 7　14 2　15 2
16 5　17 4　18 1　19 1　20 2
21 99　22 99　23 99　24 99　25 88
26 99　27 88　28 99　29 88　30 99

P.15
1 7　2 4　3 1　4 8　5 8
6 5　7 8　8 2　9 6　10 7
11 8　12 3　13 7　14 0　15 3
16 8　17 0　18 0　19 9　20 3
21 7　22 7　23 9　24 9　25 5
26 8　27 9　28 1　29 0　30 5

P.16
1 90　2 76　3 59　4 49　5 8
6 71　7 98　8 97　9 9　10 81
11 93　12 76　13 80　14 58　15 17
16 44　17 56　18 43　19 99　20 59
1 28　2 39　3 33　4 38　5 19
6 44　7 48　8 31　9 93　10 28

P.17
1) 47 2) 43 3) 47 4) 38 5) 37
6) 8 7) 9 8) 37 9) 97 10) 9
11) 73 12) 95 13) 38 14) 59 15) 68
16) 98 17) 98 18) 9 19) 19 20) 98
1) 34 2) 39 3) 86 4) 87 5) 19
6) 98 7) 43 8) 58 9) 94 10) 39

P.18
1) 13 2) 18 3) 19 4) 14 5) 18
6) 18 7) 17 8) 18 9) 16 10) 17

P.19
1) 28 2) 29 3) 28 4) 29 5) 28
6) 29 7) 28 8) 29 9) 26 10) 28
11) 28 12) 37 13) 28 14) 29 15) 27
16) 28 17) 28 18) 19 19) 29 20) 27
21) 37 22) 27 23) 28 24) 14 25) 28
26) 27 27) 33 28) 28 29) 27 30) 29

P.20
1) 28 2) 29 3) 19 4) 18 5) 32
6) 45 7) 28 8) 37 9) 37 10) 33
11) 27 12) 28 13) 26 14) 28 15) 28
16) 29 17) 28 18) 29 19) 27 20) 28
21) 27 22) 28 23) 18 24) 36 25) 28
26) 27 27) 29 28) 36 29) 38 30) 35

P.21
1) 27 2) 28 3) 28 4) 37 5) 27
6) 28 7) 37 8) 27 9) 28 10) 35
11) 41 12) 46 13) 46 14) 42 15) 47
16) 45 17) 48 18) 87 19) 85 20) 97
1) 19 2) 20 3) 21 4) 22 5) 15
6) 19 7) 25 8) 26 9) 27 10) 18

P.22
1)

10	12	13	17	11	16	18	15	40
25	35	45	43	59	75	85	95	90

2) ①13 ②17 ③17 ④14 ⑤19 ⑥18 ⑦18 ⑧19 ⑨16 ⑩18
3)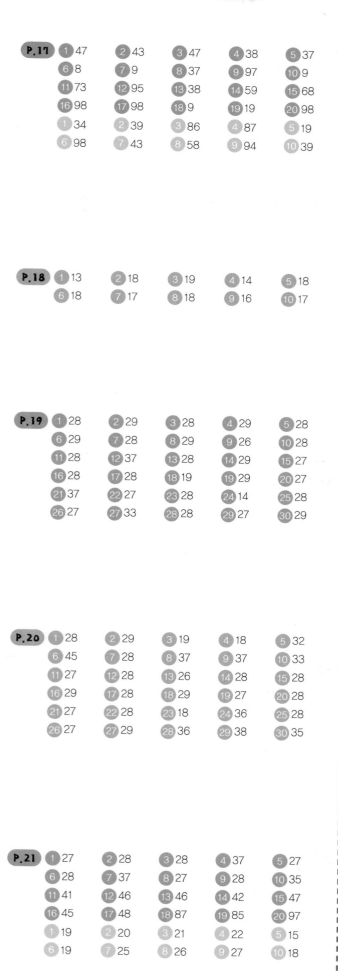
4) ①16,25 ②11,20
   12,21 18,27
5) ① ... , < , ② ... , > ,

P.24
1) 12 2) 17 3) 18 4) 13 5) 17
6) 17 7) 16 8) 17 9) 15 10) 16
11) 26 12) 27 13) 27 14) 27 15) 27
16) 26 17) 26 18) 26 19) 26 20) 25

P.25
1) 27 2) 28 3) 27 4) 28 5) 27
6) 28 7) 27 8) 28 9) 25 10) 27
11) 27 12) 36 13) 27 14) 35 15) 26
16) 27 17) 27 18) 26 19) 28 20) 26
21) 35 22) 26 23) 27 24) 22 25) 27
26) 26 27) 37 28) 27 29) 26 30) 28

P.26
1) 27 2) 28 3) 26 4) 21 5) 30
6) 36 7) 27 8) 36 9) 35 10) 32
11) 26 12) 27 13) 25 14) 28 15) 27
16) 28 17) 27 18) 29 19) 26 20) 27
21) 26 22) 27 23) 19 24) 27 25) 27
26) 26 27) 27 28) 35 29) 36 30) 27

P.27
1) 26 2) 27 3) 27 4) 35 5) 26
6) 27 7) 36 8) 25 9) 26 10) 36
11) 31 12) 36 13) 31 14) 31 15) 36
16) 39 17) 47 18) 85 19) 89 20) 90
1) 17 2) 18 3) 19 4) 20 5) 15
6) 25 7) 19 8) 26 9) 25 10) 19

P.28 ①

10	11	12	15	16	17	20	30	40
42	65	60	75	70	85	80	95	90

② ①17　②18　③13　④13　⑤17
　⑥18　⑦18　⑧17　⑨20　⑩20

③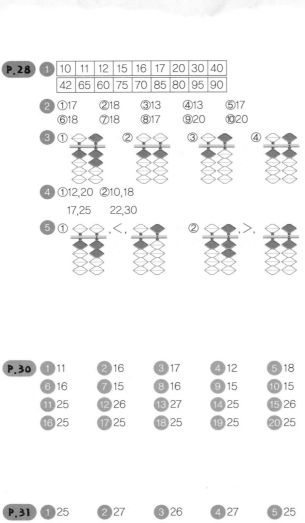

④ ①12,20 ②10,18
　　17,25　　22,30

⑤ 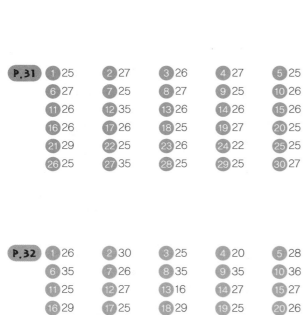 ① ,<,　② ,>,

P.30 ①11 ②16 ③17 ④12 ⑤18
⑥16 ⑦15 ⑧16 ⑨15 ⑩15
⑪25 ⑫26 ⑬27 ⑭25 ⑮26
⑯25 ⑰25 ⑱25 ⑲25 ⑳25

P.31 ①25 ②27 ③26 ④27 ⑤25
⑥27 ⑦25 ⑧27 ⑨25 ⑩26
⑪26 ⑫35 ⑬26 ⑭26 ⑮26
⑯26 ⑰26 ⑱25 ⑲27 ⑳25
㉑29 ㉒25 ㉓26 ㉔22 ㉕25
㉖25 ㉗35 ㉘25 ㉙25 ㉚27

P.32 ①26 ②30 ③25 ④20 ⑤28
⑥35 ⑦26 ⑧35 ⑨35 ⑩36
⑪25 ⑫27 ⑬16 ⑭27 ⑮27
⑯29 ⑰25 ⑱29 ⑲25 ⑳26
㉑26 ㉒26 ㉓18 ㉔26 ㉕26
㉖25 ㉗27 ㉘27 ㉙35 ㉚27

P.33 ①25 ②26 ③26 ④35 ⑤25
⑥25 ⑦35 ⑧25 ⑨26 ⑩35
⑪31 ⑫31 ⑬32 ⑭40 ⑮36
⑯39 ⑰45 ⑱85 ⑲89 ⑳86
①15 ②16 ③17 ④18 ⑤15
⑥19 ⑦25 ⑧16 ⑨11 ⑩16

P.34 ①

10	11	15	21	16	25	30	36	40
41	65	60	75	70	85	80	95	90

② ①10　②10　③12　④14　⑤11
　⑥15　⑦15　⑧25　⑨16　⑩16

③ ①1,10 ②1,12 ③1,16 ④1,25
　⑤1,15 ⑥1,15 ⑦1,20 ⑧1,18

④ ①11,18 ②21,28
　　10,17　　19,26

⑤  ① ,>,　② ,>,

P.36 ①10 ②15 ③10 ④15 ⑤18
⑥15 ⑦15 ⑧15 ⑨15 ⑩10
⑪25 ⑫25 ⑬25 ⑭25 ⑮20
⑯17 ⑰25 ⑱25 ⑲25 ⑳16

P.37 ①25 ②19 ③27 ④26 ⑤25
⑥30 ⑦16 ⑧26 ⑨25 ⑩26
⑪19 ⑫29 ⑬25 ⑭25 ⑮25
⑯26 ⑰26 ⑱26 ⑲26 ⑳25
㉑26 ㉒25 ㉓25 ㉔25 ㉕25
㉖25 ㉗25 ㉘25 ㉙19 ㉚26

P.38 ①25 ②27 ③18 ④17 ⑤28
⑥35 ⑦25 ⑧35 ⑨28 ⑩35
⑪25 ⑫27 ⑬25 ⑭25 ⑮25
⑯26 ⑰25 ⑱26 ⑲18 ⑳25
㉑28 ㉒25 ㉓25 ㉔26 ㉕25
㉖18 ㉗27 ㉘27 ㉙26 ㉚25

P.39 ①25 ②23 ③25 ④35 ⑤26
⑥25 ⑦27 ⑧18 ⑨25 ⑩27
⑪30 ⑫30 ⑬35 ⑭39 ⑮35
⑯38 ⑰47 ⑱86 ⑲78 ⑳87
①15 ②15 ③15 ④15 ⑤16
⑥18 ⑦15 ⑧15 ⑨10 ⑩15

P.40

1

10	15	20	25	30	35	45	36	40
28	65	60	75	70	85	80	95	90

2 ①10 ②18 ③12 ④15 ⑤10 ⑥15 ⑦15 ⑧18 ⑨15 ⑩15

3 ①1,15 ②8 ③1,13 ④1,15 ⑤1,20 ⑥1,20 ⑦1,16 ⑧1,17

4 ①19,25 ②30,36
　10,16　9,15

5 ①9 ②8 ③7 ④6

P.42
1)13 2)14 3)14 4)14 5)20
6)14 7)14 8)14 9)14 10)18
11)24 12)24 13)24 14)24 15)22
16)19 17)24 18)24 19)24 20)19

P.43
1)24 2)23 3)28 4)29 5)24
6)30 7)22 8)23 9)31 10)23
11)22 12)32 13)27 14)24 15)24
16)24 17)24 18)23 19)24 20)24
21)26 22)25 23)19 24)24 25)22
26)21 27)24 28)24 29)20 30)24

P.44
1)22 2)23 3)20 4)20 5)24
6)36 7)24 8)34 9)33 10)31
11)24 12)31 13)24 14)24 15)24
16)23 17)24 18)24 19)14 20)24
21)24 22)24 23)24 24)27 25)23
26)20 27)30 28)24 29)24 30)24

P.45
1)24 2)23 3)24 4)34 5)24
6)24 7)32 8)21 9)24 10)29
11)31 12)32 13)34 14)44 15)34
16)33 17)43 18)84 19)74 20)92
1)14 2)14 3)14 4)14 5)13
6)22 7)14 8)14 9)11 10)16

P.46

1

11	13	14	20	12	24	21	31	40
33	44	60	74	70	80	81	90	91

2 ①11 ②12 ③13 ④14 ⑤17 ⑥13 ⑦13 ⑧23 ⑨14 ⑩19

3 ①1,11 ②1,12 ③1,12 ④17 ⑤1,10 ⑥9 ⑦1,25 ⑧1,15

4 ①9,14 ②12,17
　13,18　16,21
　10,15　7,12
　14,19　11,16

5 ①5,5 ②6,6 ③9,9

P.48
1)12 2)17 3)13 4)13 5)19
6)13 7)13 8)13 9)13 10)15
11)23 12)23 13)23 14)23 15)20
16)14 17)23 18)23 19)25 20)14

P.49
1)23 2)28 3)26 4)28 5)23
6)30 7)14 8)29 9)21 10)22
11)23 12)35 13)27 14)25 15)23
16)23 17)23 18)22 19)25 20)23
21)29 22)20 23)19 24)19 25)21
26)20 27)23 28)26 29)22 30)23

P.50
1)22 2)22 3)20 4)19 5)23
6)28 7)23 8)33 9)32 10)30
11)23 12)24 13)23 14)27 15)23
16)22 17)23 18)32 19)13 20)22
21)23 22)23 23)23 24)30 25)22
26)19 27)31 28)28 29)24 30)23

P.51
1)23 2)22 3)24 4)27 5)23
6)23 7)28 8)20 9)23 10)31
11)30 12)32 13)27 14)44 15)36
16)35 17)39 18)83 19)73 20)92
1)13 2)13 3)13 4)13 5)12
6)21 7)13 8)13 9)10 10)17

P.64 ①

10	11	21	20	31	30	40	41	49
61	60	71	70	80	81	91	90	99

② ①12 ②17 ③13 ④10 ⑤10
⑥11 ⑦10 ⑧20 ⑨11 ⑩11

③ ①8 ②1,11 ③1,11 ④1,13
⑤1,10 ⑥1,17 ⑦1,10 ⑧1,13

④ ①7 ②6 ③5 ④4 ⑤8
⑥9

⑤ ①6,10 ②8,16 ③12,30

P.70 ①

10	20	30	40	60	80	70	90	49
120	130	140	149	190	180	170	160	99

② ①10 ②10 ③12 ④10 ⑤10
⑥10 ⑦10 ⑧10 ⑨10 ⑩16

③ ①6 ②1,15 ③8 ④1,20
⑤1,13 ⑥1,15 ⑦1,13 ⑧1,21

④ ①6 ②8 ③9 ④7 ⑤5
⑥9

⑤ ①3,9 ②10,25 ③21,28

P.66
1. 10　2. 15　3. 10　4. 10　5. 16
6. 10　7. 10　8. 10　9. 10　10. 10
11. 20　12. 20　13. 20　14. 20　15. 20
16. 11　17. 20　18. 20　19. 20　20. 18

P.72
1. 22　2. 22　3. 22　4. 30　5. 26
6. 23　7. 21　8. 22　9. 27　10. 25
11. 26　12. 31　13. 25　14. 29　15. 27
16. 30　17. 24　18. 24　19. 21　20. 33
1. 12　2. 13　3. 13　4. 15　5. 16
6. 13　7. 13　8. 16　9. 18　10. 17

P.67
1. 20　2. 25　3. 20　4. 25　5. 18
6. 30　7. 17　8. 29　9. 18　10. 21
11. 21　12. 26　13. 20　14. 25　15. 20
16. 20　17. 20　18. 18　19. 25　20. 13
21. 26　22. 10　23. 16　24. 15　25. 20
26. 20　27. 20　28. 28　29. 21　30. 20

P.73
1. 30　2. 36　3. 36　4. 30　5. 37
6. 36　7. 34　8. 37　9. 36　10. 29
11. 43　12. 42　13. 39　14. 37　15. 46
16. 45　17. 43　18. 38　19. 43　20. 45
1. 13　2. 11　3. 12　4. 13　5. 12
6. 13　7. 13　8. 13　9. 13　10. 17

P.68
1. 20　2. 20　3. 17　4. 17　5. 20
6. 30　7. 22　8. 30　9. 32　10. 26
11. 20　12. 28　13. 18　14. 25　15. 20
16. 22　17. 20　18. 29　19. 14　20. 18
21. 21　22. 20　23. 15　24. 26　25. 20
26. 20　27. 20　28. 20　29. 22　30. 20

P.74
1. 21　2. 29　3. 28　4. 24　5. 25
6. 24　7. 20　8. 27　9. 31　10. 29
11. 21　12. 26　13. 26　14. 29　15. 23
16. 30　17. 28　18. 27　19. 22　20. 30
1. 11　2. 12　3. 12　4. 15　5. 15
6. 12　7. 16　8. 16　9. 17　10. 17

P.69
1. 20　2. 20　3. 18　4. 20　5. 20
6. 20　7. 20　8. 18　9. 20　10. 30
11. 30　12. 30　13. 28　14. 40　15. 30
16. 30　17. 40　18. 80　19. 70　20. 90
1. 10　2. 10　3. 10　4. 10　5. 10
6. 16　7. 10　8. 10　9. 10　10. 10

P.75
1. 45　2. 39　3. 45　4. 40　5. 41
6. 40　7. 46　8. 45　9. 39　10. 39
11. 45　12. 40　13. 45　14. 38　15. 41
16. 46　17. 44　18. 43　19. 49　20. 44
1. 14　2. 12　3. 11　4. 12　5. 11
6. 12　7. 12　8. 17　9. 10　10. 11

덧셈이나 곱셈으로 해 보세요.

예시	▶ 아이 수준에 맞게 ＋ 나 ✕ 로 선택하세요.										
✕	0	1	2	3	4	5	6	7	8	9
7	0	07	14	21	28	35	42	49	56	63

▶ 한 자리, 두 자리, 세 자리... 중 아이의 수준에 맞게 선생님이 숫자를 넣어 사용하세요.

걸린 시간 (　　분　　초)

	2	8	6	0	1	9	4	5	7	3

	3	7	9	5	0	2	6	4	8	1

	4	6	1	3	7	0	5	2	8	9

	5	1	9	7	2	4	0	8	3	6

	6	5	8	2	0	7	4	9	3	1

	7	4	8	1	6	3	9	2	5	0

	8	3	0	9	6	4	7	5	1	2

	9	5	6	4	8	7	1	2	0	3